点亮科学梦想

创意设计思维

韩小汀　方泽华　刘朋举　赵芮箐　编著

王葳蕤　绘

中国科学技术出版社
·北　京·

图书在版编目（CIP）数据

点亮科学梦想.创意设计思维/韩小汀等编著；王葳蕤绘.--北京：中国科学技术出版社，2023.3
ISBN 978-7-5236-0122-8

Ⅰ.①点… Ⅱ.①韩… ②王… Ⅲ.①科学技术—创造教育—中小学—教学参考资料 Ⅳ.① G634.73

中国国家版本馆 CIP 数据核字（2023）第 048958 号

策划编辑	王晓义
责任编辑	王晓义　王　琳
封面设计	中文天地
正文设计	中文天地
责任校对	张晓莉
责任印制	徐　飞

出　　版	中国科学技术出版社
发　　行	中国科学技术出版社有限公司发行部
地　　址	北京市海淀区中关村南大街 16 号
邮　　编	100081
发行电话	010-62173865
传　　真	010-62173081
网　　址	http://www.cspbooks.com.cn

开　　本	889mm×1194mm　1/16
字　　数	463 千字
印　　张	35.5
版　　次	2023 年 3 月第 1 版
印　　次	2023 年 3 月第 1 次印刷
印　　刷	北京顶佳世纪印刷有限公司
书　　号	ISBN 978-7-5236-0122-8 / G・1010
定　　价	165.00 元

（凡购买本社图书，如有缺页、倒页、脱页者，本社发行部负责调换）

丛书编委会

主　编	王惠文	叶　强			
副主编	朱　英	韩小汀	魏　茜	王　硕	方泽华
编　委	刘朋举	赵芮箐	郭雨欣	石婧怡	贠启豪
	张严文	武相铠	孔博傲	吴祁颖	王晓情
	刘杨杨	高德政	王燕杰	刘栖熙	林龙云
	罗吴迪	尹月莹	刘家祥	张子言	张馨于
	祁子欣	王梓硕	任明煦	卢嘉霖	张学文
	殷博文				
绘　画	王葳蕤	李　敏	闫兴洁	周明月	岳安达

  这是一套关于科技创新教育的科普读物，主要面向中小学生，以"启蒙—探索—创意—实现—发展"的科学思维培养路径为主线，以科学素养的技能培训为辅线，培养学生发现问题、分析问题和解决问题的能力。习近平总书记曾经在科学家座谈会上指出："好奇心是人的天性，对科学兴趣的引导和培养要从娃娃抓起，使他们更多了解科学知识，掌握科学方法，形成一大批具备科学家潜质的青少年群体。"因此，组织开展丰富多彩的科学普及活动，系统传授与创意、创新、创造相关的理论和方法，将有助于增强青少年的科学素养与创新意识，点亮孩子们心中的科学梦想。

  2018年夏，在中国科学技术协会的指导和支持下，北京航空航天大学启动了"北航大学生科技志愿服务队"的组建工作。作为首都高校科技志愿服务总队的首批成员，北航大学生科技志愿服务队先后赴山西省吕梁市的中阳县阳坡塔学校、临县南关小学和临县四中等学校，举办中小学生的暑期科创训练营活动，出队队员累计200余人次，惠及山区中小学生近400人次。为了帮助志愿服务队的队员们系统掌握与科普、科创教育相关的理论和方法，我们还创建了面向北京航空航天大学全校本科生的通识课程"大学生社会实践：面向乡村中小学的科创教育"。在连续多年的理论培训和出队实践中，志愿服务队的老师和同学撰写了10多万字的讲义资料，而这套科普丛书正是从这些讲义中凝练出来的。

  按照课程的框架体系，丛书分为5个分册。其中，《创意设计思维》旨在帮助同学们聚焦学习和生活中的痛点问题，关注相关领域的科技前沿成果，掌握创意设计的基本原理与方法。《数据分析思维》既可以配合创意过程中的调查研究工作，也可以提高同学们的数据可视化能力和计算机操作技能。《趣味科学实验》将通过探究生活中的一些有趣现象，增强同学们对未知世界的好奇心和探索能力。《信息素养通识》是要在创意研究过程中，带领同学们学习运用互联网检索文献资料，并学会报告撰写、演示文稿（PPT）制作，以及路演展示。而《生涯规划启蒙》将帮助同学们领悟学习的意义，带领他们满怀热情地出发，在未来遇见更好的自己。

激发青少年的好奇心和想象力，增强他们的科学素养和创造未来的能力，对加快建设科技强国和夯实人才基础具有十分重要而深远的意义。笔者真诚期望通过该科普系列读物的编写和出版，能进一步助力大学生以科技志愿服务来赋能青少年科创教育，在服务国家需求和助力乡村振兴的事业中做出更大的贡献。同时，衷心希望通过这套丛书，可以点亮孩子们心中的科学梦想，激发他们的好奇心和想象力，增强他们的科学兴趣和创新能力。期待每一个孩子都会惊奇地发现"自己也可以是一颗发光的星"！

北航大学生科技志愿服务队在历年的出队过程中，得到了中国科学技术协会、北京航空航天大学、首都高校科技志愿服务总队、中国科学技术馆、中国科学技术出版社、吕梁市政府、中阳县政府、临县政府，以及中阳县阳坡塔学校、临县四中、临县南关小学的大力支持。在本书出版之际，作者愿借此机会，向所有支持和帮助我们的领导、老师和朋友们表示衷心感谢！

北航大学生科技志愿服务队
2022 年 10 月

前言

你一定好奇过生活中那些精巧实用的物品：骑行时方便喝水的自行车水瓶、桌面上带笔筒的台灯，还有能夹在鼻子上进而方便眼药水滴取的药水瓶……也许这些产品的制作没有那么困难，但是我们第一次看见它们时，很难不被这些颇具创意的想法所打动。

你心里或多或少会感到疑惑：这些独具特色的设计是怎么想到的？为什么我们之前就没有产生如此简单却很精妙的想法？答案很简单，我们需要提升创意设计思维能力。

什么是创意设计思维？简单来说，创意设计思维是通过提出有意义的创意和方案，来解决特定人群的实际问题的一种思维方式。在这种思维方式的指导下，我们可以去理解问题产生的背景，能够催生洞察力，并发现问题背后真正的痛点，通过调研和分析找出最合适的解决方案。创意设计思维代表着提出问题、分析问题和解决问题的综合能力，在管理、工程、商业等领域的影响力与日俱增。

你可能要问，以后我可能不会成为一名设计师，学习创意设计思维于我而言有用吗？要知道，21世纪最大的特点是变化。我们早已用惯的手机，普及大众不过才十几年；我们习以为常的互联网购物，也才不过几年时间。如果让大家预测20年以后的世界是什么模样，可能没有人能做到。因此，在这个瞬息万变的时代里，我们抓住"变中之不变"立足于社会，需要许多非常重要的能力，而创新便是其中之一。要想学会如何创新，培养创意设计思维是一个有效的方法。

因此，编写《创意设计思维》的目的便是教会大家立足于生活进行创新设计的基础思维。我们将从提出问题入手，逐步向大家讲解如何观察问题的具体场景，从而洞察真正需要关心的痛点问题。这本书会教给大家如何进行用户访谈并绘制草图故事板和用户画像，从而验证创意设计是否是特定人群真正关心的。为了得出解决方案，我们还会传授给大家头脑风暴和循环论证的方法。最后，通过最小可行性产品的制作，我们可以实现最终创意设计的效果预览。

  在整本书的学习过程中，你将体会到整个创意设计的全部过程，会对创意设计思维有更深的理解。不出意外的话，大家都能在对本书的学习完成之后提出自己的创意。兴许这个创意就会受到老师和同学的广泛认可！如果条件允许，大家还可以动手实践，将自己的创意制作出来！

  最后，我们衷心希望本书能够让你掌握设计的方法和技巧，帮助你达到更高的创新水平，从而提升自我的价值，学会在生活中做一个善于思考、与时俱进的人，成为一个勇敢面对未来的人。

目录
前情提要

1
提出问题

1.1 提出一个问题 ················ 4
1.2 发现问题的重要性 ············ 5

2
用户观察和用户洞察

2.1 观察 ······················ 14
2.2 AEIOU 观察法 ·············· 16
2.3 痛点问题 ··················· 21
2.4 洞察 ······················ 22
2.5 将洞察转化为问题 ············ 24

3
深度用户访谈

3.1 用户访谈 ··················· 31
3.2 草图故事板 ················· 45
3.3 用户画像 ··················· 46

4

头脑风暴和循环验证

4.1 垂直思考和发散思考……………55
4.2 头脑风暴……………………………56
4.3 循环验证……………………………62

5

最小可行性产品

5.1 最小可行性产品（MVP）………69
5.2 可行性测试卡………………………71

前情提要

地球上的一片森林里，住着一群可爱的小动物

他们和谐相处，日子过得惬意自在

韦德、艾米还有瑞奇是这片森林里从小一起长大的好伙伴

他们富有冒险精神，敢于思考，乐于助人

深受森林里动物们的喜爱

在森林中学初中部上学的他们每天放学后都会聚在一起学习和玩耍

在回家的路上，他们总是会到学校旁的书店逛上一会儿才会回家

而书店的老板刺猬奶奶从认识他们起就特别照顾大家

因此韦德、艾米还有瑞奇也特别喜欢刺猬奶奶

都愿意把在学校发生的趣事分享给刺猬奶奶

可是新学期到了

刺猬奶奶似乎没有往常那样快乐了……

1 提出问题

1.1 提出一个问题

新学期开始了，和往常一样，韦德、艾米和瑞奇放学后来到了刺猬奶奶的书店。小伙伴们发现，今天书店里的刺猬奶奶好像有心事。看见面露苦色的刺猬奶奶，大家决定帮帮她！

可大家无论怎么问刺猬奶奶，她都始终没有说一个字。这可愁坏了大家，如何让刺猬奶奶高兴起来，已经成了他们当下最要紧的任务。

正当大家不知道怎么办时，最有威信的韦德首先提出了建议，展现了强大的领导力："要想解决问题，首先要了解问题是什么。要想知道如何让刺猬奶奶开心起来，不如我们先思考刺猬奶奶在生活中可能会遇见哪些困难。"

大家豁然开朗，在韦德的带领下，大家开始尝试发现刺猬奶奶身边的问题……

"要想解决问题，首先要了解问题是什么。要想知道如何让刺猬奶奶开心起来，不如我们先思考刺猬奶奶在生活中可能会遇见哪些困难。"

1.2　发现问题的重要性

为什么要首先了解问题是什么？相信下面的两则小故事一定能让聪明的你得到启发。

案例一：一条线与1万美元

20世纪初，美国福特汽车公司正处于高速发展时期。突然有一天，公司的一台电机出了问题，几乎整个车间都不能运转了。公司调来大批检修工人反复检修，可怎么也找不到问题出在哪儿，更谈不上维修了。

这时，有人提议去请著名的物理学家、电机专家斯坦门茨帮忙。大家一听有理，急忙派专人把斯坦门茨请来。

斯坦门茨要了一张席子铺在电机旁，聚精会神地听了3天；然后又要了梯子，爬上爬下忙了多时；最后在电机的一个部位用粉笔画了一道线，写下了"这里的线圈多绕了16圈"。人们照办了，令人惊异的是，故障竟然排除了！生产立刻恢复了！

福特汽车公司经理问斯坦门茨要多少酬金，斯坦门茨说："不多，只需要1万美元。"1万美元？就只简简单单画了一条线！

斯坦门茨转身开了个账单：画一条线，1美元；知道在哪儿画线，9999美元。

福特汽车公司经理看了之后，不仅照价付酬，还重金聘用了斯坦门茨。

案例二：伊姆斯椅

大家或多或少都看过这样一把椅子，它拥有精致的外观设计和柔软的坐垫，但同时具有重量大、成本高、占地面积大等缺点（图1.2.1）。

于是，有人提了个问题："能不能有一款椅子，它不仅便宜、占地空间小，而且还不失舒适呢？"

就这样，伊姆斯椅便诞生了（图1.2.2）。它由美国的伊姆斯夫妇设计。第二次世界大战之后，世界各国的物资储备都已消耗殆尽，便宜、舒适、易组装、颇具现代设计元素的伊姆斯椅一经出现便大受欢迎。

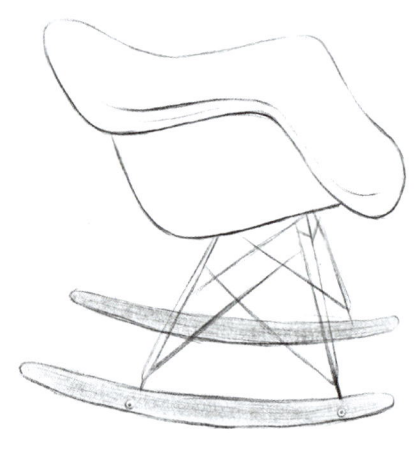

图1.2.1 精致的椅子　　　　图1.2.2 伊姆斯椅

其实问题的出发点很简单："尽可能地把最好的东西带给最多的人。"这就是伊姆斯夫妇设计之初最朴素的想法。但正是这样一个朴素的想法，让他们产生了"如何设计一款更便宜、更舒适的椅子"这一问题。一旦这一问题被提出，后续问题的解决也就水到渠成了。

名人名言

提出一个问题往往比解决一个问题更重要，因为解决问题也许仅是一个数学上或实验上的技巧而已。而提出新的问题、新的可能性，从新的角度去看旧的问题，都需要有创造性的想象力，而且标志着科学的真正进步。

——爱因斯坦

"提出一个有价值的问题，作为整个环节的第一步往往是最重要的。但我们需要注意的是，不是所有提出的问题都是有价值的，一个开放、积极、有趣、有想象力、有挑战性、可实现的问题才是一个好问题。"

"所以，第一步，让我们勇敢提出问题吧！"

练一练

1. 回想自己的生活，尝试着写出你常遇见的问题。

问题收集箱	
问题一	
问题二	
问题三	
问题四	
问题五	

2. 请你仔细想一想，可以和身边的同学讨论，尽可能地写出每一个问题可能的解决办法。

解决办法	
问题一	
问题二	
问题三	
问题四	
问题五	

2 用户观察和用户洞察

小动物们思考了整整一个晚上，在第二天的课间提出了许多问题。比如，韦德发现刺猬奶奶记性不好，总是忘记书店钥匙放在了哪里；比如，瑞奇发现近期书店的顾客越来越多，手写记录书本销售的方式让刺猬奶奶越来越累；又比如，艾米发现刺猬奶奶不高，这几天爬梯子拿书架顶层的物品时总是特别麻烦。

大家说个不停，列出了好多问题。正当大家打算去想办法帮助刺猬奶奶解决问题的时候，细心踏实的艾米站了出来。善于观察的他发现，大家只是找到了刺猬奶奶的困难之处，对刺猬奶奶面临的痛点问题和真正的需求却没有深入的了解。

刺猬奶奶总是找不到书店钥匙。

最近书店顾客越来越多了，刺猬奶奶好像很累……

刺猬奶奶够不到书架顶层的东西，总是爬上爬下的。

"那我们如何才能发现刺猬奶奶真正的需求,并找到她的痛点问题呢?"韦德和瑞奇一脸疑惑。

2.1 观察

观,指看、听等行为;察,指分析、思考。观察不只是用眼睛看,而是以视觉为主,结合五官感受于一体的一种综合理解过程。观察包含着积极的思维活动,是一条能够解决实际问题的重要途径。

细致认真的观察能在我们的脑袋里留下很多细节印象,这些印象像走马灯一样不断闪现,并激发我们的想象力。观察也有助于我们全面且客观地理解问题的本质,对我们解决问题有极大的好处。

所以,想要真正了解一个问题,首先就需要我们认真观察问题的具体场景。

怎么去观察一个问题呢?

"在了解用户真正想要解决的问题前,首先要能去观察问题。"

"那我们应该怎么去观察一个问题呢?"

"下面这种思维方式或许能解决大家的困惑。"

名人名言

你只需要走出去，留意观察人们每天都习以为常的地方和每天司空见惯的事情。

——加文，"赏云社"作家兼发起人

案例：珍妮纺纱机的诞生

1764 年的一天，英国兰开郡纺织工詹姆斯·哈格里夫斯晚上回家。开门后，他不小心一脚踢翻了妻子正在使用的纺纱机。当他弯下腰来准备把纺纱机扶正的时候，突然愣住了，原来他看到那被踢倒的纺纱机还在转，只是原先横着的纱锭变成直立的了。他猛然想到：如果把几个纱锭都竖着排列，用一个纺轮带动，不就可以一下子纺出更多的纱了吗？哈格里夫斯非常兴奋，马上试着干，第二天他就造出用一个纺轮带动 8 个竖直纱锭的新纺纱机，功效一下子提高到原先的 8 倍。这是最早的多锭手工纺纱机，以他女儿的名字命名为珍妮纺纱机，此后又经过了多次改良。

2.2 AEIOU观察法

AEIOU是帮助我们实现精准、详细的观察的一种思维框架。在设计一件产品时，我们常常需要用它来观察产品适用的环境或者可能需要改善的环境，便于我们反思与优化。

AEIOU框架源于好奇心思维，共计5个问题，包含所有需要观察的要素。我们在日常生活中对自己的行为和他人的行为进行反思时，就可以利用这5个问题实现细致的观察。

Activities（活动）：这个场景下发生了哪些活动？

Environment（环境）：这个场景中有哪些要素及要素承担的角色？

Interactions（互动）：场景中不同要素间有怎样的关系和相互作用？

Objects（物体）：场景中有哪些关键的要素（即在这个场景中作用最大、意义最重的要素）？

Users（用户）：场景中有哪些主要人物或特征人物？

小知识

好奇心思维对于观察来说是十分重要的，因为只有当人基于好奇心去实现观察的时候，这种观察才会具有深度和有效性。而什么是好奇心思维呢？

好奇心是指动物在面对自己从未经历过与见识过的东西时，会不自主地产生想去了解它、接触它的心理。好奇心的具体表现为：

（1）对一些事物表示特别注意的情绪；

（2）喜欢探究未知事物的心理状态；

（3）对于怪诞的嗜好或热情。

好奇心是个体遇到新奇事物时或处在新的外界条件下所产生的注意、操作、提问的心理倾向。好奇心是个体学习的内在动机之一，是个体寻求知识的动力，是创造性人才具备的重要特征。

案例："海盗船"核磁共振机

医院里有各种各样的检查。有些检查需要抽血，会很痛；有些检查只需要躺在那儿，不会产生疼痛，也不会产生任何不良反应。核磁共振检查就是后者。对大人来说，这是一件非常普通的事情，然而，对儿童来说，就完全不一样了。

核磁共振机外观冰冷可怕、体形巨大，加之检查过程中有"不准动"这项规定，它会给儿童带去极大的焦虑和恐惧。因此，医院里需要做核磁共振的儿科患者有80%都需要服用镇静剂才行。

但是，在一家医院，医生通过创意设计思维把核磁共振检查变成了儿童的童话冒险历程：他们在墙上和机器上画上儿童普遍喜欢的图案，将检查流程解释为海盗冒险的历程。在儿童进入核磁共振机时，医生会对儿童说："好了，你现在需要潜入这艘海盗船。别乱动，否则海盗会发现你的。"这一方法对儿童来说非常适用，因为有了生动有趣的设置，检查身体的过程变成了一场童话冒险。需要服用镇静剂的孩子的比例从80%降到了10%。最富戏剧性的是，一个做完了检查的小女孩居然跑到妈妈那儿说："妈妈，我们明天还能来吗？"

在这个故事中，我们可以这样回答 AEIOU 观察法中的 5 个问题：

Activities（活动）	核磁共振机正在运行，儿童进行核磁共振检查
Environment（环境）	改造前：核磁共振机外观冰冷、体形巨大，只有儿童在冰冷的环境中 改造后：核磁共振机被装饰为海盗船，儿童在轻松的检查环境中，认为自己在参与冒险
Interactions（互动）	改造前：核磁共振机运行时发出噪声，医务人员告诉儿童不准动，儿童焦虑、害怕，甚至哭泣 改造后：核磁共振机运行时发出噪声，医务人员告诉孩子这是海盗的声音，孩子们安安静静的
Objects（物体）	核磁共振机、医务人员、做检查的儿童
Users（用户）	需要进行核磁共振检查的儿童

"通过这样一个案例，我觉得大家已经掌握 AEIOU 观察法了！"

"现在对于任何一个问题，我们都可以有清晰的思路和角度去观察它了！"

"那我们现在先来观察一下刺猬奶奶遇到的第一个问题吧！"

小练习：刺猬奶奶找不到钥匙了

1. 任选韦德、艾米和瑞奇发现的一个问题，进行 AEIOU 分析。

2. 在所有问题中选择一个最重要的问题作为"星事件"，对选择的"星事件"进行 AEIOU 分析。

Activities（活动）	刺猬奶奶在书店打烊关门时，总是会花很多时间在书店里找钥匙，有时找不到钥匙了，只能去大街上的五金店再配一把
Environment（环境）	杂物较多、书籍较多的书店
Interactions（互动）	刺猬奶奶工作时，钥匙容易摆放在杂物较多的地方，或者是书籍较多的书架上。刺猬奶奶在关门时难以在众多杂物和书籍中找到钥匙
Objects（物体）	书籍、书架、杂物、钥匙
Users（用户）	刺猬奶奶

"可刺猬奶奶还有两个问题需要进行观察。"

"亲爱的朋友，你能帮助我们完成剩下的观察吗？"

练一练

1. 任选韦德、艾米和瑞奇发现的一个问题，进行 AEIOU 分析。
2. 在所有问题中选择一个最重要的问题作为"星事件"，对选择的"星事件"进行 AEIOU 分析。

Activities（活动）	
Environment（环境）	
Interactions（互动）	
Objects（物体）	
Users（用户）	

"大家很好地掌握了观察方法，但这其实还远远不够。我们还需要更加深入地去认识一个问题。"

2.3　痛点问题

通过观察，我们可以详细了解一个问题的场景。但我们往往还需要思考用户需求背后的原因，探寻他们的痛点问题。

什么叫痛点问题？持续困扰用户的问题、反映用户最根本需求的问题就是痛点问题。

直接的需求反映的都是表面问题，但是专注于表面问题而给出的解决方案并不能真正地满足客户的需求。所以，想探寻用户的真实需求，就需要找到他们的痛点问题。

案例：钻头与洞的故事

"人们其实不是想买一个0.64厘米的钻头，他们只是想要一个0.64厘米的洞。"

一个人到城里的商店询问每一个店主："您好！请问有0.64厘米直径的钻头吗？"但可惜的是每一个店主都没有0.64厘米直径的钻头。他苦恼地向自己的朋友抱怨："为什么连一个0.64厘米的钻头我都买不着，真是令人难过！"朋友颇有些不解："这听起来确实很不幸。但你能告诉我，你想要拿钻头做什么吗？我们可能有其他的解决方法。"

他告诉了自己的朋友，其实他只是想要一个0.64厘米直径的墙洞。朋友告诉他："0.64厘米的墙洞我们可以找专业的工人来解决。但是我总觉得你通过0.64厘米的墙洞想要实现的东西，也许能用更好的方式来实现。你能告诉我这个0.64厘米的墙洞的用途吗？"

他这才恍然大悟，自己原本是想在0.64厘米的墙洞里放入钉子，再在钉子上挂自己思念的家人的照片！那为什么自己不用更直接的方式解决这个问题呢？说罢，在朋友的帮助下，他通过电子相框的方式保存了自己家人的照片，并与自己的家人通了一次视频电话。

2.4 洞察

如果说，观察是对一个事物客观外在的理解，那么，洞察还需要思考其背后的深刻原因。洞察要实现对用户心理的探究和理解。

小知识-1

"洞察"一词来源于宋代小说《鹤林玉露》中"洞察其徒心术之隐微，而提撕警策之"一句。

小知识-2

换位思考：多角度地想象你是你的用户时，会如何思考，以及如何对这个方案的使用进行最终评价。换位思考是一种想人所想、理解至上的思考方式。

以人为中心：在设计产品或方案时，创新应当建立在人们的行为、需求及偏好之上。思考问题的解决方案时，应该始终站在以人为本、以用户为中心的角度来进行。

很多时候会出现这样一种现象：我们认为用户对此有需求，但在实践中才发现，用户对此其实没有需求。洞察就是我们为了避免这一现象发生而采用的一种工具。

洞察过程中始终要坚持两个原则，即换位思考、以人为中心。

"所以说，如果我们想真正探究一个用户的痛点问题，观察是远远不够的，洞察则起到了弥足重要的作用，而用户移情图和用户洞察卡是实现用户洞察的重要方法。"

用户移情图

移情：也称共情，即从用户的角度去思考在这种情况下他们的想法和感受。

用户移情图是发现用户痛点的好方法，它分为 4 个部分：

Ta 经历了什么	Ta 遇见了哪些困难
Ta 会有什么感觉或想法	Ta 获得了什么？又有什么期待？

用户移情图

1 "Ta 经历了什么"：

　　客观描述这个场景下用户的经历与体验

2 "Ta 遇见了哪些困难"：

　　用户在这种经历下所感受到的矛盾和问题

3 "Ta 会有什么感觉和想法"：

　　用户对于这个问题的体会和感觉

4 "Ta 有什么期望"：

　　用户对于问题解决的愿望与想法

2.5　将洞察转化为问题

用户洞察卡也是发现用户痛点的重要方法。用户洞察卡是对观察结果和移情结果的综合。我们把利用 AEIOU 观察法对环境进行观察的结果与用户移情图的内容相结合,便可以初步得到用户的痛点问题。

Ta { 在＿＿＿＿＿＿环境下
　　　需要＿＿＿＿＿＿＿＿＿＿

我们得到的问题是＿＿＿＿＿＿＿＿＿＿

案例:自行车水瓶的故事

自行车车手们需要在喝完水后把水瓶放回自行车的水瓶架上。但此时他们需要盯着前方的路面,就像接力赛跑选手害怕错过接力棒一样。这就造成了一个问题:水瓶很有可能未放稳,水就因为水瓶的倾斜洒出来了。

为了解决这个问题，设计师们设计并改进了水瓶的底部，使水瓶附带有增加摩擦力的橡皮环。这种设计使自行车车手更容易拿稳水瓶，也让水瓶更容易放到水瓶架上。

设计师在观察中还发现，车手们骑行时喝水很不方便，因为他们需要用牙齿先把瓶盖拧开。这个过程在水瓶被覆盖上灰尘或泥沙的时候会变得更加麻烦。为了解决第二个问题，设计师受心脏瓣膜的启发，设计出了刻有"X"形孔的橡皮膜，用来开合瓶口。车手要喝水时，只需用一只手挤压瓶身，水就会从孔中流出来；当停止挤压时，橡皮膜又会重新合拢，不会让任何东西流进瓶里，瓶里面的水也不会溢出来。

就这样，一款全新的自行车水瓶解决了自行车车手喝水不方便的问题，改善了他们的骑行体验。

自行车车手在骑行的过程中会喝水	很难在快速骑行时拧开和放稳水瓶
水瓶难以拧开便很难喝到水，无法放稳便容易倾洒	希望有办法能在骑行时较为容易地喝到水

用户移情图

Ta { 在 __骑车的__ 环境下
　　 需要 __保证骑行安全的同时喝到水__

我们得到的问题是 __如何在骑行时较容易地拧开并放稳水瓶__

"相信洞察的两种重要方法大家也已经掌握了,那让我们赶快结合刺猬奶奶遇到的问题用自己选择好的"星事件"练一练吧!"

小练习:刺猬奶奶找不到钥匙了

刺猬奶奶需要在杂物较多的书店找到钥匙	在杂物较多的书店里找到一把不起眼的钥匙很难
钥匙被淹没在杂物和书籍中,找到钥匙很费精力	刺猬奶奶希望在杂物较多的书店里轻松地找到不起眼的钥匙

用户移情图

Ta { 在＿＿＿＿＿环境下
　　　需要＿＿＿＿＿＿＿＿＿＿

我们得到的问题是＿＿＿＿＿＿＿＿＿＿

练一练

1. 任选韦德、艾米和瑞奇发现的一个问题，完成用户移情图和用户洞察卡。

2. 在所有问题中选择一个最重要的问题作为"星事件"，完成用户移情图和用户洞察卡。

（Ta 经历了什么）

（Ta 遇见了哪些困难）

用户移情图

（Ta 会有什么感觉或想法）

（Ta 获得了什么？又有什么期待？）

Ta ｛ 在＿＿＿＿＿＿环境下

　　　需要＿＿＿＿＿＿＿＿＿＿

我们得到的问题是＿＿＿＿＿＿＿＿＿＿

3 深度用户访谈

"终于完成了！"大家如释重负。

我找到了刺猬奶奶的第一个需求：如何在杂物较多的地方轻松地找到不起眼的钥匙。

我找到了刺猬奶奶的第二个需求：如何在记录销售情况的同时不需要大量的抄写工作！

我找到了第三个需求：如何拿到书架顶层的物品但尽量不爬梯子！

放学后，大家路过学校旁的书店，远远望见坐在椅子上看着手里相框、面带微笑的刺猬奶奶，不由得感到很欣慰。一想到几天后他们将解决刺猬奶奶的问题，脸上就露出了笑容。

"但是,这些也仅仅代表着我们认为的刺猬奶奶的需求。"艾米似乎发现了一些问题。

如果一味地按照我们自己的想法去做,没有换位思考,我们可能什么问题也解决不了。

"那我们如何才能知道刺猬奶奶,甚至是更多动物对此的看法呢?"

3.1 用户访谈

　　用户访谈是我们研究用户时常用的方法之一,它对我们了解用户需求来说至关重要。用户访谈类似于谈话,却又不同于普通谈话。用户访谈是运用有目的、有计划、有方法的口头对话的方式,向用户了解事实的方法。用户访谈是一种研究型的交谈,是通过口头交流的形式,有意识地对我们想要获得的资料进行收集和梳理。

　　因此,用户访谈一般都有明确的谈话主题。与普通谈话不同,用户访谈必须力求真实,不能随便对用户所说的话表示赞同或者做出评价,并且在过程中需要记录,访谈结束后还要对谈话内容进行梳理与总结。

小知识

为什么要做用户访谈

用户的表面行为与潜在需求往往是不一致的。我们想真正理解用户,不仅仅是理解他们的行为,更需要理解他们的真实需求。观察和洞察可以帮助我们明确痛点问题,但这是我们思考得出的痛点问题。用户面临的真实痛点问题也许和我们的思考还有一定的差距。因为一个人就算竭尽全力也难以做到准确判断 100 个人对于一件产品的感受与需求。为了得到更多人真实的感受,我们需要与尽量多的人交流,获得不同的人对于产品的想法和体验,这样才能带来更完善的产品。

所以,访谈的目的就是了解目前的或潜在的用户群体,通过对话了解他们使用产品的动机和场景。同时,调查用户对使用过的同类产品的满意和不满意的地方,就可以知道产品的哪些特点能真正吸引到用户。

案例:麦当劳调研奶昔

为了提高奶昔销量,麦当劳曾经专门做了问卷调查,询问用户"要怎样改进奶昔,您才会买更多呢?如再多点巧克力?"等类似的问题。这个调研成功地让奶昔越做越好吃,但奶昔的销量却没有起色。为了探究其中的原因,麦当劳请来哈佛商学院教授克莱顿·克里斯坦森。教授接受了任务并在麦当劳观察了一整天。他惊奇地发现,40% 的奶昔都是在早上售出的。

教授并不理解为什么大量的人会选择在早上买奶昔。为了寻找原因，教授选择进行用户访谈。

克莱顿·克里斯坦森从用户的访谈当中成功地挖掘到了这部分用户的消费场景：早上开车上班，路上很无聊，想要找点东西吃；奶昔很稠，能喝很久；有吸管，可以放在汽车杯架上，而且还不会弄脏衣服。奶昔非常受欢迎，因为这是他们最合适的选择。

于是，麦当劳把奶昔做得更稠了，还把奶昔机搬到柜台前，让顾客刷卡自取。最后，奶昔的销量大大提高。

可以看见的是麦当劳曾经自以为用户想要更美味的奶昔。但最终通过定性的用户访谈挖掘出来的真正的用户需求其实是：一种方便在车上吃的食物。

"而往往，为了更全面地获取信息，用户访谈的内容有一个大概的框架。"

用户访谈大纲

1 自我介绍

＿＿＿＿您好，我是来自＿＿＿的＿＿＿，请问您能拨冗抽出 3~5 分钟的时间参与我们的访谈吗？我们在做关于＿＿＿的创新产品，想问您几个简单的问题。

2 验证用户特征

（表明使用场景与动机）

（a）能说说您是如何做_____的吗?您上次做_____的时候，花了多长时间?去哪儿买_____的?

（b）您有没有使用什么东西或者方法来帮助您完成_____?您觉得在_____的时候最需要什么样的帮助呢?

（搜寻潜在用户群体）

（c）请问您有朋友存在_____问题/做过_____/使用过_____吗?您觉得他们和您对这个问题的感受和这样感受的原因有什么共通之处吗?

（d）您觉得什么类型的人更需要_____/更存在_____问题?

3 解决方案

（1）您觉得当面对_____问题时，会有哪些解决方案?

（2）您在使用现有的能解决对应问题的产品时满意吗?有不满意的地方吗?有哪些困扰?

（3）如果产品具有什么样的功能您会觉得眼前一亮?

4 结束访谈

非常感谢您今天的回答，这对我们很有帮助。如果后续有需要，我们可能会再次给您打电话/拜访您。

5 总结陈词

今天对_____进行了用户访谈，我询问了_____，他表示_____。同时他提到了_____。

小知识

用户访谈注意事项

1. 注意尊重访谈对象。要获得第一手真实的访谈材料，就必须先获得访谈对象的信任。所以，尊重访谈的对象，不仅仅是为人处世的基本道德，也是访谈成功的关键所在。

2. 访谈中要努力与访谈对象产生共同认识，在情感共鸣的情况下才会有真诚的交流与沟通，也更容易把访谈引向深入。

3. 对于善于言辞的访谈对象，要有充分的耐心去聆听他的观点；当出现访谈对话跑题的情况，要注意引导访谈对象回归主题，但不要做出不耐烦的表情和行为。

4. 对不善言辞的访谈对象，要具有耐心，循循善诱，温言细语，不逼迫对象说出不愿意谈及的话题，帮助访谈对象回忆和思考。

5. 对不肯交流的访谈对象，做好解释工作，让访谈对象觉得这一次访谈意义重大，不虚此行；激发对方的聊天热情。

6. 对没有足够时间交谈的访谈对象，要记得挑关键问题询问，收集有用信息，切记不能惹恼访谈对象。

小练习：刺猬奶奶找不到钥匙了

案例背景

这一次，艾米找到了刺猬奶奶，针对如何在钥匙丢失时快速找到钥匙这一问题展开了访谈。

访谈内容

刺猬奶奶，您好！我是来自森林中学的学生艾米，请问您能拨冗抽出 3~5 分钟的时间参与我们的访谈吗？我们在做关于找钥匙的创新产品，想问您几个简单的问题。

嗯，好孩子，我时间充裕，你问吧！

刺猬奶奶，我们生活中经常容易找不到钥匙。您平时发现自己的钥匙不见时，最后都是怎么解决的呢？您上次找不着钥匙的时候，花了多长时间才找到呢？您有没有使用什么工具或者方法帮助您去找钥匙？在找不到钥匙时，您最需要什么样的帮助？

我的钥匙平时都会放在常见的几个地方，一般找五六分钟就会找到。有时钥匙是掉在地上了，我就会顺便打扫我的书店。如果还是没有找到我的钥匙，我就会选择再配一把。你瞧，五金店不就在马路对面吗？多方便啊！

哦,我明白了,刺猬奶奶。那您身边有没有朋友也会因为找不到钥匙感到烦恼?您觉得他们对这个问题的感受与您有什么共通之处?您觉得谁更需要解决快速找到丢失的钥匙这一问题?

哈哈,我身边的老朋友都住在这条街上,钥匙不见了就可以去配一把,这个问题解决不解决,关系不大。现在日子好了,配钥匙的钱还是付得起的!倒是我看我的儿子有时工作忙,虽然可以再配一把,但这毕竟会耽误他的工作和休息。

那刺猬奶奶,您觉得面对找不到钥匙这个问题时,会有哪些更好的解决方案?这个解决方案具有什么样的功能会让您觉得眼前一亮?

我现在老了,想不出好的办法,只能说一些奇思妙想供你们年轻人参考了!如果有一个按钮我摁下去,钥匙就会发出"滴滴滴"的声音,这就很棒啦!

刺猬奶奶,这并不是不可实现的。我在想,我们完全可以开发一个手机软件,您找不到钥匙时,打开软件,点击"寻找钥匙",绑在钥匙上的扬声器就可以发出声音。这是非常可行的!

艾米,如果我的回答能对你有所帮助,我就很开心了!

 刺猬奶奶,非常感谢您今天的回答,这对我们很有帮助。如果后续有需要,我们可能会再次拜访您。

不客气,有空常来玩!

记录结果

今天对刺猬奶奶进行了用户访谈。我询问了她是否有快速找到钥匙的需求。她表示她自己现在配钥匙很方便,但工作繁忙的动物们可能对此有强烈的需求。同时,她提到了一个解决方案:通过钥匙发出的声音寻找钥匙。

"访谈的威力在于不再纯粹依靠感性认知事物,而是通过程序化的处理,得到有效信息进而改进我们的设计思路。"

"通过上面的这个案例大家应该对用户访谈有所体会了。为了更加深刻地感受访谈的魅力,以及更熟练地掌握如何进行访谈,大家赶快来练一练吧!"

练一练

1. 在所有问题中选择一个最重要的问题作为"星事件",进行用户访谈。将结果记录下来。
2. 对收集到的相关数据进行比对,完善修改用户移情图,以帮助调整自己的产品设计和目标用户。

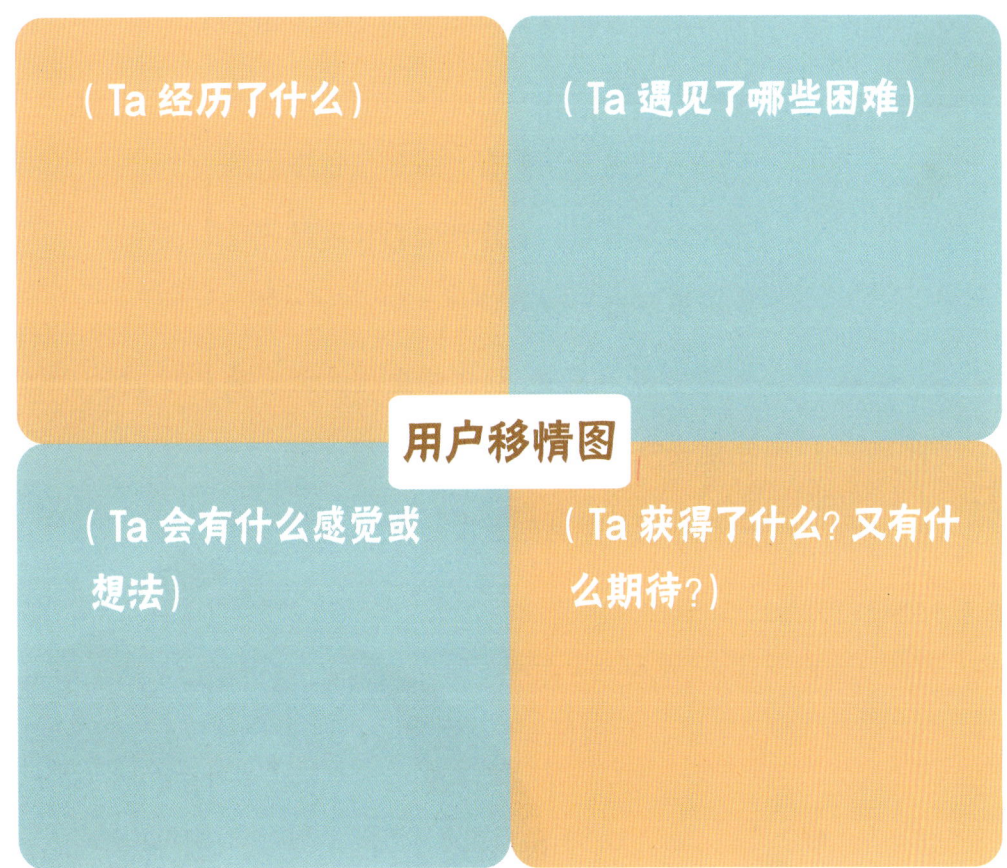

对比我们在第 2 章所做的用户移情图,我们所设想的用户体验与用户自身描述的体验的不同之处有:_____。

进而对第 2 章提炼出的问题进行优化:_____。

大家花了整整一个周末对身边的亲朋好友，甚至是素未谋面的陌生人进行了用户访谈。

韦德跑到了郊区，采访了住在大别墅的大象叔叔，发现他对找钥匙这一需求很感兴趣，但是对拿书架顶层物品这一需求并不感兴趣。"家里这么大，丢钥匙是难免的。但我的鼻子这么长，什么地方的东西我都够得着。"

瑞奇来到了河边，采访了青蛙小姐，发现她对找钥匙这件事不感兴趣，但是特别需要快速记录信息的方法，"我最近开了一家时尚服装店，生意兴隆，非常需要一种快速记录销售信息的方法。"

总之，不同的人群对大家总结凝练得到的需求都表现出了不同的看法，但积极、肯定是主流的评价。大家都收获满满，可是周一回到学校的时候，却发现艾米独自一人荡着湖边的秋千，愁眉苦脸。

原来，大家都去访谈了身边的各类人群，唯独很少有人去访谈刺猬奶奶。只有艾米找到了刺猬奶奶，一番访谈后却发现，刺猬奶奶对找钥匙、做销售记录及拿书架高处的物品都不感兴趣。也就是拿书架高处的物品这一需求仅仅让刺猬奶奶眼前一亮，但她的眼神也很快黯淡下去。

局面僵持不下，小动物们一时没了办法。而艾米始终思考着"拿书架高处物品"这一需求，但仍然无解。

无奈的小动物们只好像往常一样在放学后光顾刺猬奶奶的书店。购买了课外书的艾米在等待刺猬奶奶用铅笔记录销售情况的间隙，意外看到了桌旁两张泛黄的纸。

　　仔细阅读才发现，那是多年以前，刺猬奶奶的孙子在他们这个年龄写给奶奶的信。细心的艾米终于明白为什么刺猬奶奶会对着一张相框微笑，为什么会对"拿书架高处物品"眼前一亮。

　　暑假期间，森林的东北边突发大火，完全失控。身为消防员的小刺猬义无反顾地加入火灾救援。小刺猬工作繁忙，刺猬奶奶对小刺猬是一天天的担心和思念。

　　原来，刺猬奶奶愁的不是找不到钥匙，缺的不是快速记录销售情况的办法，也不是愁怎么去拿书架高处的物品，她真正愁的是她的小心肝——小刺猬。放在书架顶层的小刺猬的照片和书信，只是她现在的精神寄托。

　　了解到这一情况后，小动物们在当天晚上就重新梳理了 AEIOU 观察、用户洞察，并重新准备了用户访谈。第二天下午，他们对刺猬奶奶进行访谈后，发现了她真正的需求痛点。

　　他们在后续几天对森林中的其他动物进行了访谈，发现担心、思念儿女是大部分老年动物的痛点问题。小动物们现在愈发想提出一个创意解决这一问题。

"但在真正开始思考解决问题的办法时，我们需要清晰明确我们创意的定位和服务对象。为此我们还需要制作草图故事板和用户画像，使我们的创意更具有针对性。"

3.2 草图故事板

草图故事板是对场景中细节的刻画，是用来展示和陈述产品设计的方法。草图故事板就是一系列插画，每张插画像一张照片一样记录某个瞬间，而所有的插画连起来最终还原了一个故事。通过场景的刻画描写，我们可以进一步理解所设计产品的使用场景和该产品所针对的需求痛点，所以草图故事板其实就是帮助你以视觉化的方式探索、预测一个用户使用某个产品时所产生体验的一个工具。

名人名言

图像化帮助你发现事物之间的新的联系。

——罗斯库珀，多学科设计师

小知识

我们平时往往习惯于通过文字的方式去表达。但人在认知和使用文字的过程中需要一定程度的转化，才能获取大量文字所提供的信息，这其实是很耗费脑力的，也并不直观。视觉化则是将信息更为直观地表达出来。表达的时候，我们就会去思考这一事物的特点、构成。这一过程在使用文字表达的时候是不充分的，也就是说视觉化还帮助我们更好地去关注细节。需要注意的是，视觉化思考强调的是"看得更真"，而不是"画得更好"。

案例：疫情期间上网课的中学生

北北是一名初中生，疫情期间需要通过电脑上网课学习。可是，太多人同时登录网站听课，系统很容易卡顿。北北就换成网速更快的手机继续听课。可是，由于屏幕太小，北北看一会儿就困了。在无人监管的家里，困了的她倒头便睡着了。

3.3　用户画像

用户画像也叫用户标签，是基于用户行为分析获得的对用户的一种描述方式，也是后续数据分析加工的基础。用户画像的内容可以很宽泛，只要是对人的认知，都可以囊括进用户画像中。通过用户的行为数据、网络日志数据和购物网站消费数据等大数据，我们可以分析用户的社会属性、生活习惯、消费行为等，寻找到用户共同的特点，给用户贴标签，从而抽象出一个用户的全貌。

> **小知识**
>
> 大数据，即高速涌现的大量的多样化的数据。也就是说，大数据指数据量巨大、数据类型复杂的数据集。这种规模的数据集很难通过常规的数据收集手段获取，并且规模巨大，以至于通常难以通过传统数据处理软件进行处理，只能通过一些高技术的数据处理方式进行处理。但是，在大数据的帮助之下，我们往往能解决以往难以解决的问题并实现一些以往难以实现的功能。

用户画像主要内容

❶ 目标用户个人／人群信息

（1）姓名：

（2）性别：

（3）年龄：

（4）受教育情况：

（5）职业：

（6）画像：

❷ 目标用户经常出入的地点／经常进行的活动：

❸ 目标用户使用产品的典型场景：

❹ 用户使用产品时希望获得的：

案例：到底是谁在看短视频？

现如今短视频已经成为大众娱乐的重要方式，短视频软件也是数不胜数。而每个短视频软件的开发者都想知道，到底是什么样的人在使用自己的短视频平台。如果他们了解当下使用它们的用户群体，就能够根据用户的需求和喜好来优化自己的软件。

而他们是通过什么样的方式来获取用户信息的呢？

他们对使用他们软件的人，画了一幅用户画像：

用户画像

年龄：27　性别：女　学历：本科

未婚　白领

工作在一线城市　租房（无房无车）

画像：独立，手机上瘾，宅，喜欢美好的事物，比较文艺，崇尚小资生活，追来生活美学，怕麻烦，重享受

痛点：1. 生活节奏快，工作压力大
　　　2. 每天三点一线，生活单调
　　　3. 想要改善生活，但苦于没钱没时间
　　　4. 无房无车，没有安全感
　　　5. 单身，生活圈太窄

目标：改变现状，追来生活品质，从兴趣出发，在平凡的生活中，发现一点不同，提升自己，对自己好一点，变得更优秀

当他们采集到足够多的用户画像之后,便对其中的特质进行数据分析。通过这些数据分析,各个平台可以更加了解专属于自己的用户群体,从而在自己对应的市场上更好地发展。

"学会了草图故事板和用户画像,我们对于用户的需求和用户的特点就有了更直观的了解和表达!现在让我来运用一下吧!"

小练习:刺猬奶奶的钥匙不见了

草图故事板和用户画像

1. 首先,刺猬奶奶进入书店。

2. 开始一天的工作。

3. 不经意把钥匙放在了杂物与书堆之间。

4. 下午,送走了客人准备关门时,怎么也找不到钥匙了。

5. 她费了很大的精力,累得气喘吁吁也没找到钥匙。

6. 只好跑到对面的五金店找老板再配上一把。

❶ 目标用户个人信息

　　（1）姓名：刺猬奶奶

　　（2）性别：女

　　（3）年龄：老年

　　（4）受教育情况：高中

　　（5）职业：书店老板

❷ 目标用户经常出入的地点 / 经常进行的活动

　　经常在书店里杂物较多的区域，忙着与工作相关的事。

❸ 目标用户使用产品的典型场景

　　不起眼的钥匙淹没在大量杂物中但自己没有精力去寻找时，需要使用此产品。

❹ 用户使用产品时希望获得的结果

　　用一种较为轻松的方式找到钥匙，不需要自己费时费力地去寻找。

练一练

1. 根据韦德、艾米和瑞奇发现的刺猬奶奶思念孙子的问题，绘制草图故事板和用户画像。

2. 在所有问题中选择一个最重要的问题作为"星事件"，绘制草图故事板和用户画像。

4 头脑风暴和循环验证

万事俱备，只欠东风。完成了草图故事板和用户画像，接下来便是去寻找缓解动物家长对孩子思念之情的办法了。

"可是这一问题似乎很难得到解答。"

"那我们来一场头脑风暴吧！"喜欢奇思妙想的瑞奇挥了挥他的帽子，走到了小动物们中间。

我们首先来看一个蜜蜂和苍蝇的实验吧！

案例：蜜蜂和苍蝇的实验

来自美国的教授曾经做了这样一个实验。在一个无光照的空间中，他将数只蜜蜂和苍蝇关在一个密封的玻璃瓶中，然后将瓶子横放，在瓶底用手电筒打一束光，与此同时打开玻璃瓶的瓶塞。随后，教授便观察谁能率先飞出去。

大家猜猜看最终的结果如何？是苍蝇！

教授发现，因为蜜蜂喜欢朝着有光亮的地方飞去，但它们不知道的是中间隔着一层透明的障碍，对它们来说有光的地方意味着出口，因此蜜蜂不停地想在瓶底上找到出口，一直到它们力竭倒毙或饿死。

然而苍蝇不一样，苍蝇更多的是随机活动。因此，看似误打误撞的它们，却可以在不断的尝试中碰巧找到出口从而逃离。因此，教授发现，在两分钟之内，苍蝇全都穿过另一端的瓶颈逃逸一空。这看似凭运气的逃离，其实是智慧的体现。

"上面这个故事中蜜蜂用到的思考方式是垂直思考,而苍蝇则是发散思考。"

4.1 垂直思考和发散思考

垂直思考,又被称为逻辑思考,是一种以答案为导向的思维方式。整个思考过程遵循规则,一步步锁定最终的答案。这种思考方式下,答案是唯一的。

发散思考,又被称为非逻辑思考,是一种以问题为导向的思维方式。整个思考过程基于问题去扩散思路,寻找可能的答案。这种思考方式下,答案是多样的。

在平时生活中,我们更喜欢垂直思考的方式,因为通常循规蹈矩大概率会获得一个正确答案。可有些情况下,垂直思考也许会让我们陷入死局,而破局的唯一方法则是发散思考。这种没有逻辑和规律的思考方式也许会帮助我们找到其他可行的方法,解决问题。

实验结果启示我们,有些时候发散思考也许更有助于找到解决问题的办法。

发散思考最好的体现则是头脑风暴法。

4.2　头脑风暴

小练习：是的，而且（Yes，and）

亚历克斯·奥斯本于1953年发明了头脑风暴。它是团队为解决问题探索大量想法、寻找新方案而采用的一种创意思维模式。

随着发明创造活动的复杂化和课题涉及知识面的多样化，单枪匹马式的冥思苦想将变得软弱无力，"群起而攻之"的发明创造战术则显示出攻无不克的威力。头脑风暴是创意设计思维的基本方法之一，指通过集思广益、发挥集体智慧，迅速地获得大量的新设想与创意。参与者需要在正常、融洽和不受任何限制的气氛中以会议形式进行讨论，打破常规，积极思考，畅所欲言，充分发表看法。

为什么平时我们会很难提出想法？一方面是我们惧怕提出的想法遭到否定和批评，产生挫败感；另一方面是我们长期所处的生活和工作环境比较保守，已经难以产生创新的想法。而在头脑风暴的讨论中，这些困难都迎刃而解了。

头脑风暴需要遵循以下几个原则：
（1）主题明确；
（2）欢迎疯狂和不寻常的想法；
（3）延迟批判；
（4）基于别人的想法产生自己的想法；
（5）将想法用更形象的方法呈现；
（6）每次只说一条；
（7）追求数量。

> 头脑风暴的目的是提出更多可能的方法，而方法的可行性则是在我们将头脑风暴会上提出的想法进行梳理后，再去验证。

案例:"坐飞机扫雪"带来的"风暴"

  某地冬天气温极低,常有大雪。外露电线上沉积了很重的冰雪,时常有电线杆因为两杆之间距离太长、电线承重太大而坍塌,严重影响当地民众的正常生活。一直以来,有许多人试图解决这个问题,但从未有人做到。

  有一天,当地通信公司经理应用奥斯本发明的头脑风暴法,尝试解决这一难题。他召开了一次头脑风暴的座谈,各形各色的人员都是这次会议的参与者。在会议中,与会者必须遵守鼓励疯狂的想法、延迟批判、基于别人的想法产生自己的想法等原则。在会议上,有人提出设计一种专用的电线清雪机,挂在每条电线上,逐条清理;有人想到用电热机在电线表皮传热来融化冰雪;也有人建议用振荡技术制造恰能除去表层颗粒的振荡机来清除积雪;甚至还有人提出带上几把大扫帚,坐着直升机去扫电线上的积雪。对于"坐飞机扫雪"这种听上去既疯狂又搞笑的想法,大多数与会者心里觉得这个方案可行度极低,只当是放松会议的氛围,但在会上,大家也谨遵延迟批判的原则,无人提出批评。但是,有一名工人在苦苦思索解决方案时,听到了"坐飞机扫雪"的想法,茅塞顿开,一种简单高效但听上去也比较疯狂的清雪方法冒了出来。他想到,大雪之后,经常有直升机起飞,有时候会沿积雪严重的电线飞行,依靠高速旋转的螺旋桨,电线上的积雪会被迅速扇落。他马上提出"用直升机来扇雪"的方案,这个靠谱得多的想法迅速打开了大家的思路,有关用飞机除雪的主意一下子又多了好几条。甚至在不到一小时的时间里,与会的10名人员竟然一共提出了近百条新设想。

>   可以看到,头脑风暴有利于我们得到很多解决问题的方法,从而找到最终解决问题的方法。
>   而如何提出更多的方法呢,可以告诉大家一些小秘诀。

创意产生的方法

· 加一加：哪些功能可以和原有功能整合（图 4.2.1、图 4.2.2）？如何整合与使用？

图 4.2.1　冰激凌 + 月饼 = 冰激凌月饼

图 4.2.2　镜子 + 熨衣板 = 双功能立镜

名人名言

组合作用似乎是创造性思维的本质特征。

——爱因斯坦

· 减一减：哪些功能可删除（图 4.2.3、图 4.2.4）？哪些材质可减少？

图 4.2.3　有线耳机－线＝无线蓝牙耳机

图 4.2.4　按键手机－按键＝触屏手机

· 改一改：原有材质、功能或外观是否有修改的空间（图 4.2.5、图 4.2.6）？

图 4.2.5　把普通计算机屏幕改成曲屏→曲屏计算机

图 4.2.6　将普通眼药水瓶瓶身改为有缺口的瓶身→可以夹在鼻子上方便眼药水滴取的药水瓶

• 排一排：顺序能否重排？结构是否可以重组或分解（图 4.2.7）？

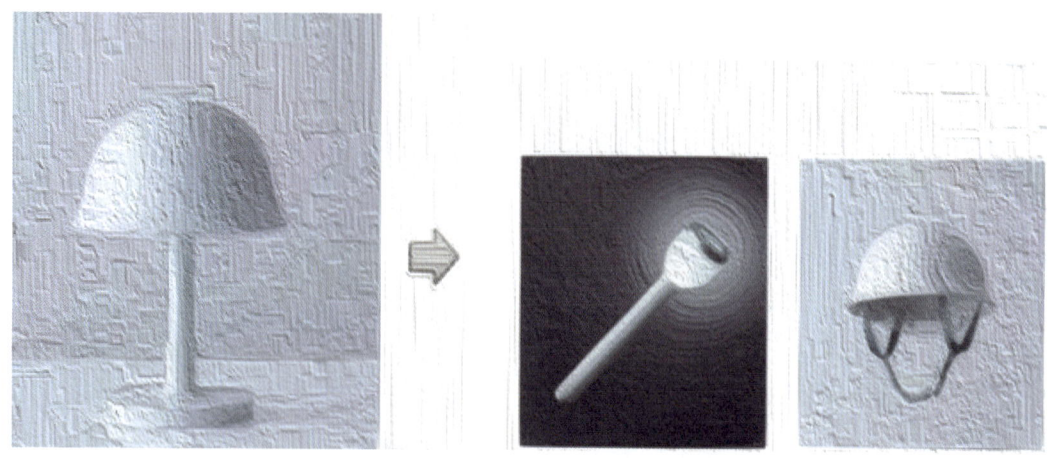

图 4.2.7　台灯拆解→手电筒 + 安全帽

小练习：为刺猬奶奶的思念提出解决方案

方案一

韦德不假思索地提出了他的一个想法。

"我们可以设计一个语音手环，这样就能让刺猬奶奶和小刺猬随时进行沟通和交流！"

方案二

瑞奇很快提出了自己的思路。

"我的想法是我们可以去创建一个网站，消防员们每天都可以在网站上发送今天的感受，让自己的家人和其他消防员的家人看到，让大家知道他们的工作状况！"

方案三

"我们还可以用虚拟现实技术搭建消防员们生活的场景,让刺猬奶奶戴上 VR 眼镜就可以实时地看到小刺猬在工作中的方方面面,以缓解思念之情。"

方案四

大家陷入了僵局,但瑞奇想起了"加一加"这一方法:

"或者我们把刚刚说到的方案一和方案二加在一起,打造一个平台,把消防员和他们的家长都添加进去。如果家长总是担心和思念自己的孩子又担心打扰到他们,就可以通过语音手环和其他消防员家长聊天和交流。"

方案五

"我们可以把方案二和方案三加在一起,让大家在虚拟的场景中看见消防员们展示的生活场景,并进行交流!"

艾米帮助大家打开了思路,又有好多思路和创意都在这场头脑风暴中被大家提出。

练一练

进行头脑风暴,为你选择的"星事件"尽可能多地想出解决方案。

4.3　循环验证

　　循环验证，即由团队中所有成员轮流对每一个方案进行优势劣势评价。每评价完一个方案，就将已评价的方案交给下一位成员，并立马接手上一位成员已评价的方案，并对其进行评价。由于方案的评价表会由每一个团队成员经手，最后会回到第一个对此方案进行评价的成员手中，故这种方法名中含有"循环"。循环验证法，会收集到团队中每个人对每一个方案的看法和理解，能够充分体现团队意志，全面地反映方案的优势劣势，这对于如何挑选解决方案有着巨大的帮助。

案例：循环验证之"螺旋桨"的妙用

　　会后，通信公司寻找专家进行咨询，并对头脑风暴会议的设想进行分类论证。专家们一致认为，设计专用清雪机，采用电热或电磁振荡等方法去清除电线上的积雪，在技术上虽然可行，但研制费用大，研发周期长，短时间内难以产生结果，也就是短时间内不能实现清除积雪的目的；如果人工清扫，虽然能够马上实施，但太过于费时费力，而且危险性极高，不具有可行性。相反，因"坐飞机扫雪"激发出来的"直升机扫雪"的设想，反而是一种大胆且有一定可行性的新方案。如果可行，这将是一种既简单又高效的好方案，能够马上解决这个困扰人们多年的积雪问题。经过现场多次试验，大家发现用直升机螺旋桨扇雪真的能奏效，一个可谓是旷日持久的大难题，最终竟在头脑风暴方法的帮助下得到了巧妙的解决。与这个案例异曲同工的方案有，中国高速公路交警用歼-6战斗机的发动机除雪——称之为"喷气吹雪机"，军方也很早就将淘汰的喷气发动机加装到卡车上，用来给机场跑道除雪。

小练习：循环验证解决方案

韦德、瑞奇和艾米很快开始对大家的方案进行循环验证，完成了表 4.3.1 的填写。

表 4.3.1 循环验证解决方案

评价人	方案一	方案二	方案三	方案四	方案五
韦德	聊天有助于减轻亲属的思念之情	如果消防员很忙，就没有时间发送自己的感受了	技术还不太成熟，可行性较低，投入成本过高	可行性较高，并且不会打扰到消防员工作，不会给他们增加负担	如果只有消防员的感受，亲属们完全可以在消防员休息时与他们通话
瑞奇	手机完全可以实现此功能	让亲属看到消防员的情况，会让他们更安心	消防员的工作环境涉及保密，不是所有地方都能实时开放给大家观看的	让亲属和其他消防员的亲属交流，更有归属感	在虚拟环境中浏览消防员们的动态有点多此一举
艾米	语音手环功能单一	让消防员发送感受会增大他们的工作压力	虚拟现实更生动形象地将消防员的工作状况展现给了亲属	语音手环使用更为方便，功能比方案一中更为丰富	亲属可以在虚拟环境中更身临其境地感受消防员的心情

同时，为了综合大家的意见，经过思考，他们从效果、可行性、寿命、成本、便携性和外观这6个方面对5个方案进行了评估，填写了循环验证表（表4.3.2）。

表 4.3.2　循环验证表 1

评价标准	重要性	方案一	方案二	方案三	方案四	方案五
效果	3	0	1	3	3	2
可行性	3	3	2	0	3	1
寿命	2	2	2	1	1	1
成本	2	2	2	0	1	1
便携性	1	3	1	1	3	1
外观	1	2	2	3	2	1
总分	/	22	20	15	27	15

注：将方案各评价标准的得分乘以对应的重要性，再求和，即可得到该方案的总得分。

练一练

对你们头脑风暴的结果进行循环验证，填写下方循环验证表（表4.3.3），并最终归纳出一个最好的方案。思考还有哪些因素可以作为评判一个创意好坏的标准，一个评判标准的重要性应该如何确定？

表 4.3.3　循环验证表 2

评价标准	权重	方案一（描述）	方案二（描述）	方案三（描述）
成本	3	2	2	2
适用范围	3	3	2	1
使用寿命	2	2	3	1
对人体的影响	2	3	2	3
外观	1	3	2	2
便携性	1	3	2	3
总分	/	31	26	22

注：将方案各评价标准的得分乘以对应权重，再求和，即可得到该方案的总得分。

在各方案总分计算完成后，选择分数最高的作为最终方案。

5
最小可行性产品

最终，在韦德、艾米和瑞奇激烈的讨论下，他们得出了设计方案。方案中，一个消防员及亲属的沟通交流平台被搭建起来。通过一个语音手环，刺猬奶奶不仅可以和小刺猬随时交流，而且还能在小刺猬忙于救火时，找到其他思念孩子的消防员亲属进行畅聊。

这个方案克服了语音手环不如手机通话好用、随时交流可能打扰到正在救火的小刺猬等缺点，还把具有共同特点的动物亲属联系在了一起，有效缓解了大家的思念之情。

这是一个好主意！正当韦德和艾米打算将自己的创意制作出来时，瑞奇拦住了他们。

"在开始行动前，为了防止产品很难制作，以及制作出来后效果不及预期的情况，我们需要完成一个最小可行性产品，用于估计制作的难度和创意的最终效果。"

5.1 最小可行性产品（MVP）

最小可行性产品，指的是用最小的代价来验证你的设计的可行性，教人利用现有资源去完成产品模型，即将创意以低成本而快捷的方式表现在别人面前，帮助你更好地问出问题、验证你的假设、快速得到建设性的反馈意见。

举个例子，如果你希望做一个图片分享网站，那么作为产品原型，MVP 仅仅包含最基础的功能，形态或许就是一个提交图片的按钮及图片的展示。借助 MVP，经过一系列实践，产品的设计思路将被一次次优化，最终完成正式版的开发。

MVP 可以理解为一种表达，一种更廉价、更精彩、更生动、更形象的表达。其中可以包含使用情景、使用方法、核心特色等内容。其核心目的是用最小的代价让用户们了解你的产品。

MVP 的形式很多，主要有 4 种：

· 空间（平面）模型：通过搭建出模型或者通过绘画展现出你的创意产品的功能特点。

· 广告模型：为你的创意产品设计一段广告语，并结合绘图以海报的形式展现，说明产品的亮点。

· 短视频：通过拍摄短视频展现出你的创意产品使用的场景和效果。

· 登录页模型：制作一个网页（可用手抄报、PPT 等模拟）。在网页上呈现出你的创意产品的主要功能特点，统计有多少用户对你们的网页上呈现的内容感兴趣。

MVP 设计步骤

步骤一：使用合适的工具，快速搭建模型，模型不在于搭建得有多么精致，只要能完全传递想法即可。

步骤二：针对模型的搭建，通过不同的使用场景，评估想法的可行性，并一一记录问题。

步骤三：针对不同的问题，对模型进行不断的优化，随着项目的推进，模型数量会减少，精度会提高，但其目的仍是帮助团队提炼并改进想法。

案例：喜达屋酒店设计的妙思

喜达屋酒店集团希望推出一个年轻化的子品牌"雅乐轩"，赢得年轻、时尚城市用户群的喜爱。雅乐轩酒店颠覆传统的酒店气势派头，以时尚、灵动、新空间，打造全新感官体验，专为热爱开放式空间、开放式思维和开放式表达的全球旅行者而设。它崇尚甄选式服务，以"有限"服务为主要特色，提倡"自助"模式，设计彰显个性与不同；价格实惠，为喜爱旅行的新生代提供非传统生活方式的新的地点灵感，以张扬的态度、睿智的方法，展示时尚都市新空间。

而喜达屋是如何设计出这样深受年轻用户群体喜爱的酒店的呢？雅乐轩酒店的设计团队在规划阶段，把之前构想好的设计方案制作成 3D 模型，放在网络上，以游戏方式呈现，并测试目标用户的反应。并且用户可以对酒店的装潢、色调、整体布局提出自己的想法。设计团队根据这些用户的反馈，再对设计方案进行修改。最终，大量基于"虚拟酒店"的测试结果，如酒店大堂色彩选择、屋内布局、影音设备位置等，择其善者应用于实际酒店设计。喜达屋这种模型测试，从速度或者成本来讲，都非常实用，并且有极高的参考价值。

5.2　可行性测试卡

在完成最小可行性产品的设计后，我们需要填写一张可行性测试卡来对创意想法产生的预期效果进行大致估计，从而更好地对创意想法的可行性进行分析。可行性测试卡的填写步骤如下：

❶ 描述假设。写出你认为你们的创意方案可以实现哪些功能，达到哪些目的，解决哪些问题。

❷ 测试描述。为了测试第一步的假设，你们打算怎么做。

❸ 衡量指标。在你们的测试过程中，你们需要衡量的指标是什么。

❹ 成功标准。第三步中的衡量指标达到什么样的结果才能够说你们的假设是对的、创意方案是可行的。

"完成了最小可行性产品，那我们也一起来写一写可行性测试卡吧！"瑞奇看着大家，激动地说着。

小练习：消防员及亲属的沟通交流平台（可行性测试卡）

❶ 描述假设

我们搭建的消防员及亲属的沟通交流平台，可以让亲属随时和自己的孩子通过语音手环进行交流。同时，消防员亲属还可以通过此平台寻找其他空闲中的消防员亲属，通过语音手环进行畅聊，从而达到让亲属不那么思念孩子、担心孩子的目的，解决他们在家无人聊天而感到孤独、寂寞的问题。

❷ 测试描述

我们和同班同学一起制作了一个关于此沟通交流平台的短视频，来展现我们的创意想法。为了测试第一步的假设，我们找到了刺猬奶奶和其他几个消防员的亲属，让他们观看我们制作的短视频，并在观看结束后询问他们的感受（或者填写问卷进行评分）。

❸ 衡量指标

我们的衡量指标是，消防员亲属在观看这个短视频后，对亲属沟通功能的看法、对与其他消防员亲属进行沟通交流的看法、对沟通交流平台表达的态度和对此平台顺利建成的期待程度。

❹ 成功标准

如果观看视频后的消防员亲属对亲属沟通功能持支持态度（问卷平均分大于或等于 6 分），对与其他消防员亲属进行沟通交流这一功能持非常支持的态度（问卷平均分大于或等于 8 分），对此沟通交流平台持赞赏、鼓励或支持等态度，并表示很期待此平台早日建成并投入使用，那么我们的创意方案便是可行的。

练一练

1. 通过搭积木、捏橡皮泥的方式，做出"星事件"解决方案的空间模型（如果有兴趣可以尝试更多 MVP 方式）。

2. 拆掉已搭建好的模型 30% 的材料，在这个过程中思考自己产品的核心亮点。

3. 测试产品。完成最小可行性产品的设计后，找他人测试可行性，填写下面这张测试卡。

项目测试：

测试人：

第一步：描述假设

　　我们相信＿＿＿＿＿＿＿＿＿＿

＿＿＿＿＿＿＿＿＿＿＿＿＿＿＿＿

第二步：测试描述

　　为了测试以上假设，我们将会＿＿＿

＿＿＿＿＿＿＿＿＿＿＿＿＿＿＿＿

第三步：衡量指标

　　我们衡量＿＿＿＿＿＿＿＿＿＿

＿＿＿＿＿＿＿＿＿＿＿＿＿＿＿＿

第四步：成功标准

　　如果＿＿＿＿＿＿＿＿＿＿＿＿

＿＿＿＿＿＿＿＿＿＿我们的假设就是对的。

结局

最后，他们制作了创意的短视频和
语音手环的短视频，
来向大家展示最终的解决方案。
森林里的消防员在观看了大家的短视频之后，
都给出了一致的好评。
后来，森林创意公司看中了这份方案，
联系了森林动物消防总局进行合作，
投入了研发人员将其付诸实际应用，
解决了森林里的空巢动物的一大痛点问题。
森林中学的小动物们也因此受到了森林动物们的一致表扬。
每天，韦德、艾米和瑞奇
放学后都会光顾森林中学旁刺猬奶奶开的书店，
刺猬奶奶笑口常开。

后记

  这是一本关于创意设计思维知识的科普读物。本书主要面向中小学生，介绍了创意设计思维的基本概念和相关方法，通过生动翔实的案例来传递笔者对于创意设计思维的理解，并且通过多项讨论和动手作业加强学生们的知识掌握程度。

  《创意设计思维》对北航大学生科技志愿服务队的科创训练营的主线课程"创意设计思维"的教学有着重要作用。相关的学习内容可以让学生们巩固和应用"数据分析思维""报告撰写"和"PPT 制作"等课程所学到的知识和技能。在这门课程的教学过程中，我们培养学生发现问题的能力，学会从习以为常的生活环境中挖掘可能的改变；再通过教授系统的创意设计思维模型，让学生学会观察和移情，协助他们发散思维、进行头脑风暴；最终我们利用可行的理论知识，从可行性、实际效果等方面着手，帮助学生利用创意设计思维创造更优质的问题解决方案。通过这样一个系统的思维过程，我们帮助学生从想象力、信息收集能力、理论结合实际的能力三方面提升问题解决能力。

  这本书的创作完成，要感谢每一位为之付出辛勤劳动的作者。刘朋举、赵芮箐、郭雨欣、石婧怡、贠启豪、张严文 6 位同学编写了本书初稿；在此基础上，武相铠同学编写了本书的背景故事线，刘朋举和赵芮箐同学对 5 个章节的内容进一步编辑和修改；方泽华老师负责总体完善；韩小汀老师负责本书的总体框架设计、技术指导和统稿工作，并提供相关资料。

  同时要特别感谢叶强老师和王硕老师的加入，正因有他们对版式设计和美术创作的策划与指导，本书创意思维的展示更加形象，易于理解。王葳蕤同学完成了整本书的人物设计和排版工作，使本书的背景故事线生动具体，案例的表现形式更加丰富。其实，可视化和美术设计本身就是创意设计思维重要的一部分，美术的注入让《创意设计思维》更加鲜活。

　　本书的写作还得到了很多同事和朋友的支持、帮助与鼓励。山西省吕梁市中阳县阳坡塔学校的郭耀峰校长、闫安老师和王永照老师在本书撰写过程中给予了诸多指导和帮助，北航大学生科技志愿服队4年的科技普及教育实践和阳坡塔学校的同学们精彩的创意催生了作者们很多创作灵感。在本书出版之际，作者愿借此机会，衷心感谢所有支持和帮助我们的领导、老师和同学们！

　　由于作者的水平有限，书中难免存在缺点与错误，敬请读者批评指正。